OBSERVATIONS

SUR

L'AGRICULTURE,

TROISIEME PARTIE,

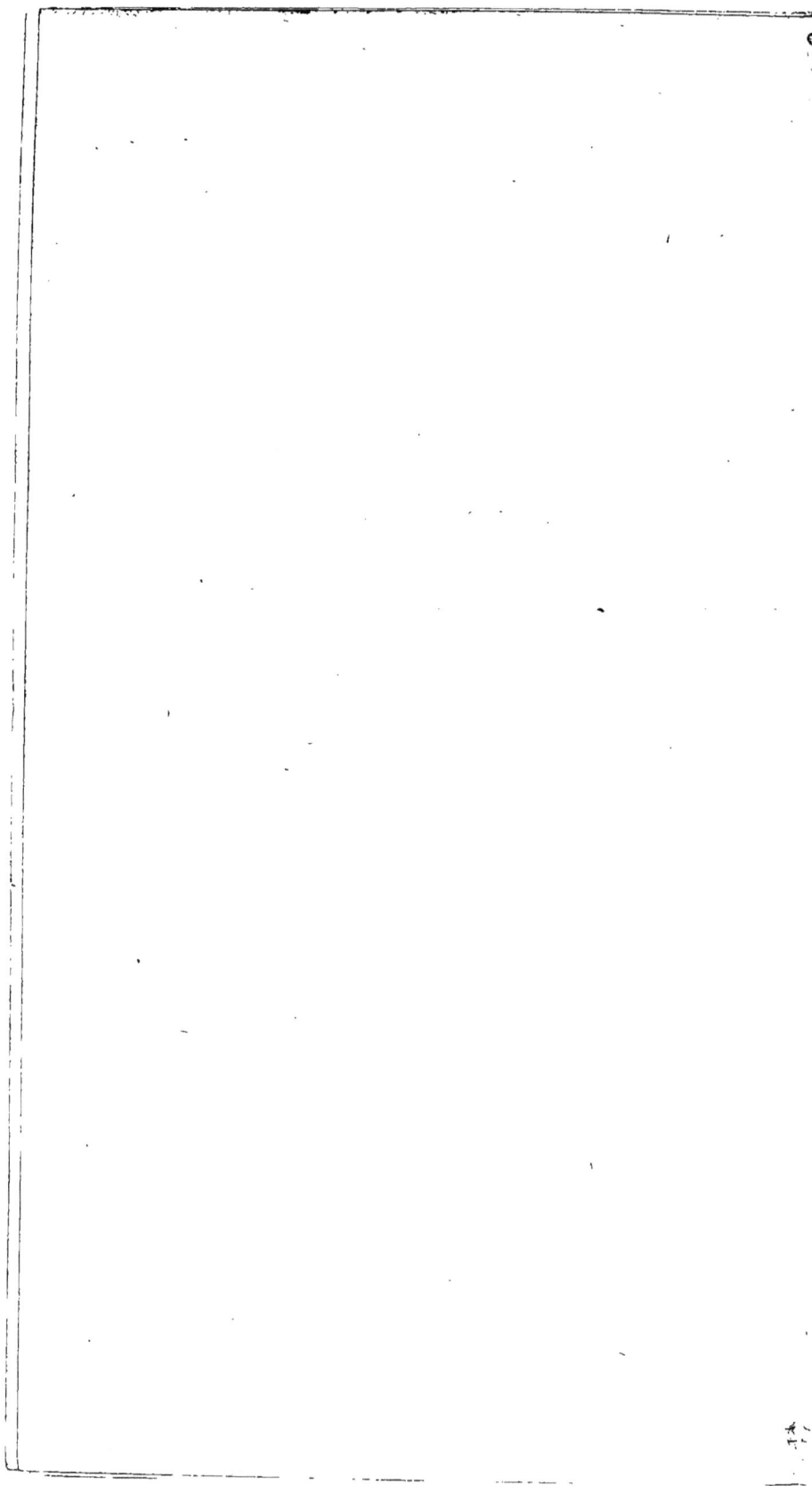

OBSERVATIONS

SUR

DIVERS MOYENS

DE SOUTENIR ET D'ENCOURAGER

L'AGRICULTURE,

Principalement dans la GUYENNE ;

Ou l'on traite des CULTURES propres à cette Province , & des obstacles qui les empêchent de s'étendre.

TROISIÉME PARTIE.

M. DCC. LXI.

OBSERVATIONS

SUR DIVERS MOYENS

De soutenir & d'encourager l'AGRICULTURE.

QUATRIEME LETTRE.

Sur les prix, les distinctions & les récompenses ; ou, en général, sur le systême des gratifications.

J E continuerai mes observations, monsieur, puisque vous les jugez utiles, & que vous

me promettez toujours beaucoup d'indulgence.

Je commencerai par le fyftême des gratifications, dont
je n'ai parlé qu'en paffant (*),
à l'occafion de la culture &
de la préparation du chanvre.
Il feroit à defirer qu'on éten-
dît ce fyftême à tout ce qui
peut augmenter l'agriculture.

Un mathématicien a dit :
» Donnez une machine à roua-
» ge : donnez un fimple cric à
» un enfant, qui ne fçaura que
» remuer fes bras ; & que tous
» les Hercule du monde lut-
» tent contre fa foibleffe appli-
» quée à cette machine, les
» voilà emportés au premier

(*) I partie, chapitre 29.

» ébranlement : c'eſt, ajoute-
» t-il, l'image de l'algèbre. «

Et moi, monſieur, je dirai
que le ſyſtême des gratifications eſt la machine à rouage,
l'image, ou plutôt le chef-d'œu-
vre d'une excellente adminiſtration ; & que l'autorité, quelque abſolue qu'elle ſoit, a beſoin de cette machine, particulièrement dans les gouver-
nemens qui ſont d'une grande
étendue.

A la Chine, les loix ne ſe
contentent pas de punir les
crimes ; elles font plus, dit M.
de Voltaire (*), elles récom-
penſent la vertu. Le bruit d'u-
ne action généreuſe & rare ſe

(*) Eſſai ſur l'hiſt. univerſ., tome I.

répand - il ? le mandarin eſt obligé d'en avertir l'empereur, & l'empereur envoie une marque d'honneur à celui qui l'a ſi bien méritée.

Par les prix, les diſtinctions & les récompenſes, non ſeulement vous prévenez des fautes que vous ne pouvez pas punir ; mais vous attachez inſenſiblement le point-d'honneur où il doit être, pour le plus grand avantage de l'état.

Or, le point-d'honneur eſt un reſſort tout puiſſant qu'un enfant peut mouvoir. La ſouveraine habileté conſiſte à faire en ſorte que cette force, capable de détruire tout, comme de maintenir tout, ne ſoit

jamais déplacée ni inac-
tive.

On peut juger à coup sûr
qu'elle est déplacée dans une
nation, quand on n'y voit bril-
ler que le commerce & les arts
de luxe ; quand la dissipation
& l'oisiveté gagnent toutes les
conditions , & multiplient les
célibataires & les fonds-per-
dus ; quand on brigue & qu'on
achète des distinctions hon-
teuses plutôt qu'honorables ,
qui dispensent de partager les
charges & les devoirs des citoyens dans les plus pressans
besoins de l'état.

Elle est inactive dans les campagnes , où il est si essentiel à
une puissance cultivatrice de la

maintenir, dès que l'agricul-
teur ne se pique pas d'avoir les
plus grands & les meilleurs
produits, dans un moindre terrein, & à moins de frais ; de
faire venir les plus beaux nour-
rissages ; de fournir enfin le
plus de matière, la mieux con-
ditionnée & la mieux préparée à l'ouvrier : comme celui-ci au négociant, & le négociant au détailliste & à l'é-
tranger.

Cette force ne se perd jamais totalement, parce que le
génie des peuples est d'une nature impérissable ; mais aussi
plus le génie d'une nation est,
pour ainsi dire, souple, élasti-
que, étendu, plus il se resserre

& fe rétrécit. Ce feu fe concentre d'autant plus vîte qu'il
eft plus prompt à fe dévelop-
per ; & il fe concentre quelquefois fi fort, qu'il peut lan-
guir des fiècles entiers fous la
cendre.

C'eft faire la conquête d'une
province, remarque très-in-
génieufement un auteur, que
d'y mettre en valeur les hommes & les terres. Il propofe
en conféquence de conquérir
le Berry, c'eft-à-dire, de ranimer l'agriculture , les arts
& le commerce, chez un peuple qui fe diftinguoit par-là
des autres habitans des Gaules
au temps de Jules Céfar, &
qui eft aujourd'hui d'une pa-

resse & d'une ineptie éton‑
nantes. (*).

Sur ce pied-là, monsieur,
les Espagnols pourroient faire
une seconde fois la conquête
du Pérou ; ou, si vous voulez,
elle est encore à faire : vous
en allez juger. Vous verrez en
même temps jusqu'où l'hu‑
manité peut être dégradée.
J'aime mieux vous peindre ces
tristes objets dans le lointain
que sur le devant du tableau.

(*) L'Ami des hommes, ou traité de la po‑
pulation, tome II, chapitre 2.

Il paroît, selon la remarque d'un journaliste,
par l'exemple de Jacques Cœur, né dans le
Berry, qu'au moins, au siècle de ce fameux
négociant, le génie de ce peuple n'étoit pas
tout-à-fait éteint. J'ajouterai qu'on voit en‑
core des traces de l'ancienne industrie du pays,
dans le nourrissage des moutons. On les y tient
à l'air une grande partie de l'année, & par ce
moyen on y recueille de très-bonne laine ; ce
qu'il seroit fort aisé d'encourager.

» L'imbécillité des Péru-
» viens est si excessive, ce sont
» les termes d'un voyageur
» Espagnol, qu'à peine croit-
» on les pouvoir placer au-
» dessus des bêtes. Quelque-
» fois même l'instinct de la
» nature leur manque (*) «.

De-là leur peu de goût pour
l'ouvrage, leur lenteur, leur
paresse, leur peu d'émulation.
Ils emploient deux ans &
plus à faire une pièce d'étoffe
commune (**).

Reconnoîtriez-vous à cette
peinture, monsieur, la nation
de toute l'Amérique qui avoit

(*) Voyez l'article, mœurs &c., des Péruviens, dans le treizième tome de l'histoire des
voyages.　　(**) Ibid.

A v

autrefois les plus sages loix, la meilleure police, le plus d'induſtrie; qui faiſoit des murs à l'épreuve des tremblemens de terre, art que les Eſpagnols n'ont pu imiter; & qui porteroit encore au plus haut dégré la gloire, la puiſſance & les richeſſes de ſes maîtres, s'ils daignoient lui tendre la main pour la relever?

Je ne ſçais pas, monſieur, ſi cette exceſſive lenteur des Péruviens ne gagnera pas à la fin toutes fortes d'ouvriers dans les campagnes: en voyez-vous aucun qui ne mette dix fois plus de temps à faire la tâche que vous lui commandez, qu'on n'en emploie dans les grandes villes à finir le même ouvrage?

N'eſt-il pas ſenſible que l'activité diminue à meſure que vous vous éloignez de ces centres de mouvement? mais cela ne ſe fait jamais mieux ſentir que dans les travaux publics.

Quand une nation eſt parvenue à un certain dégré d'indolence, il n'eſt pas ſurprenant que ces travaux ne la touchent plus : mais que c'eſt pis encore! Soit que trop ſouvent le bien public puiſſe ſervir de prétexte à des vues intéreſſées, à des vexations de toute eſpèce ; ſoit que le défaut de ſentimens patriotiques devienne

Avj

une source de malignité &
d'envie , le peuple acquiert
une répugnance invincible
pour tout ce qu'on lui pré-
sente sous l'idée du bien public.

Le goût des Romains qui
n'épargnoient ni travail ni
dépense pour les réparations
publiques , s'est perpétué dans
les pays d'états ; on voit qu'il
y produit de temps en temps
de très-belles choses : témoin
le canal de Languedoc , la
fontaine de Nismes , & l'éta-
bissement qui a été fait depuis peu en Bretagne , lequel
est encore au-dessus , & dont
je me propose de vous entre-
tenir bientôt.

Il n'en est pas de même, monsieur, dans les pays d'élections. Loin de pouvoir s'y prêter à des entreprises considérables, on a de la peine à tenir un fossé en état ; on craint d'être utile à ses voisins ; on se console de ses pertes par celles qu'on est bien aise de leur causer.

Le seul motif qui fait qu'on se console aussi quelquefois d'être obligé d'entreprendre une levée, l'élargissement & recurement d'un ruisseau, &c., est le plaisir secret de nuire, avant de procurer aucun avantage ; tel est l'effet de l'émulation déplacée.

On est réduit à recourir

sans cesse à l'autorité pour la plus petite réparation. C'est ainsi que le peuple s'accoutume à ne rien faire que par force ; & que les menaces & les châtimens le rendent de jour en jour plus rebours, plus stupide , moins laborieux & plus pauvre.

Le système des gratifications peut seul changer en émulation active, cette orgueilleuse & jalouse paresse qui avilit l'humanité.

Ce système a enrichi l'Irlande, en très-peu d'années. Un peuple, dont le génie paroissoit anéanti, & le découragement sans remède , est devenu le rival des Hollandois

dans les cultures, les arts &
le commerce , propres à sa
position. Que les états de Bretagne ont sagement profité
de cet exemple ; & qu'il seroit
nécessaire de les imiter dans
les généralités ! Ce sera le sujet de ma première lettre.

CINQUIEME LETTRE.

Sur ce qu'on pourroit tenter dans les généralités, à l'exemple de l'établissement de la société d'agriculture, de commerce & des arts, fait par les états de Bretagne, & approuvé par un brevet du Roi, du 20 mars 1757.

CETTE société est composée, dans chaque évêché, de six personnes, choisies sans distinction d'ordre, parmi les sujets le plus au fait de ces matières. Ces associés doivent correspondre avec le bureau général qui se tient à Rennes,

& lui remettre leurs mémoires
pour en faire le rapport aux
états qui s'affemblent tous les
deux ans.

Les états de Bretagne ont encore établi, par la même délibé-
ration, des prix, des récompen-
fes , des écoles de deffein , des
fonds pour les avances & les
rembourfemens , &c. ; en un
mot, ils n'ont rien omis, excep-
té que , dans le même acte , il
n'a pas été décerné des ftatues
aux auteurs de ce projet. Mais
fon exécution eft un monu-
ment plus flatteur & plus dura-
ble que le marbre & l'airain ,
& va faire une époque célèbre
dans la monarchie.

Il n'eft pas douteux qu'un

pareil établiffement ne foit adopté dans tous les pays d'états, & ne faffe à la fin fentir combien il eft propre à augmenter les forces & les richeffes du royaume.

Mais alors, monfieur, que deviendront les pays d'élections, fi l'on n'y fait pas d'établiffemens femblables ? Que deviendra la Guyenne, fituée entre deux grandes provinces d'états, la Bretagne & le Languedoc, fans parler du Béarn ? Que deviendra la Haute-Guyenne en particulier, dont la-fituation doit vous paroître infiniment plus défavantageufe, fi vous vous rappellez ce qu'elle fouffre déjà fous l'oppreſſion des privilèges dont j'ai aſſez parlé dans mes premiers mémoires (*) ?

Mais comment former, dans cette province, une ſociété qui s'occupe par état de l'agriculture, du commerce & des arts ? où trouver les fonds qui lui ſeroient néceſſaires ?

REPONSE.

1°. S'IL ne s'agit que de facilité de notre côté, je connois aſſez le génie de la province pour répondre que les plus petites étincelles d'émulation prendront aiſément.

A l'égard des fonds ; où en a-t-on trouvé pour mul-

_____
(*) Voyez la première partie de cet ouvrage.

tiplier à l'excès, dans les villes, tant de manufactures de
pur luxe? Ne manquera-t-il
jamais de fonds que pour rétablir les arts les plus néceſſaires dans les campagnes,
& pour ſoutenir la mère
nourrice des arts & de l'état,
la vraie manufacture royale,
la culture des terres?

2°. On regarde l'inſtitu-
tion des conſeils comme une
des plus belles choſes que
Louis XIV ait faite.

Le commerce des villes
doit ſon éclat au conſeil de
commerce que ce grand prin-
ce établit en 1700, dans lequel il admit leurs députés.

On n'attacha pas d'abord

des prix, des diſtinctions &
des récompenſes au com-
merce ; mais toutes les fauſ-
ſes idées d'aviliſſement en fu-
rent éloignées, par la déclaration rendue en 1701 , qui
portoit que le commerce en
gros ne dérogeoit point.

Les motifs d'une autre déclaration de la même année
ſont encore plus remarqua-
bles. Je vais les rapporter :
» Voulant procurer, y eſt-il
» dit, plus d'occupation &
» de travail aux ouvriers, S.
» M. a fait examiner, dans le
» conſeil de commerce, ce
» qui feroit le plus propre
» à faciliter le tranſport dans
» les pays étrangers des dif-

» férentes fortes de marchan-
» difes qui fe fabriquent en
» France. Elle a reconnu que
» les exemptions de droits,
» bien loin d'être préjudicia-
» bles aux fermes, procure-
» roient au contraire un plus
» grand produit des droits def-
» dites fermes, d'autant que
» la grande quantité des mar-
» chandifes qui fortiroient
» pour les pays étrangers,
» au moyen de l'exemption
» des droits de fortie, don-
» neroit lieu à une plus gran-
» de confommation de ma-
» tières, dont le produit des
» droits d'entrée augmente-
» roit confidérablement, & dé-
» dommageroit plus que fuf-

» fifamment lefdites fermes
» des droits de fortie retran-
» chés. (*) «

L'auteur que je cite dit, à
l'occafion de l'établiffement
de ce confeil : Si les matières d'agriculture euffent en-
tré dans ce plan, que d'hommes & de richeffes ne nous
eût-il pas confervé, au lieu
que perfonne n'a parlé pour
elles ? (**)

On eût parlé pour l'agri-
culture, & fait fentir que les
mêmes motifs qui engageoient
à fupprimer les droits fur les
marchandifes d'exportation,
devoient déterminer à ôter

(*) Confidérations fur les finances, &c., tome deuxième, page 121 & 122.
(**) Ibid. page 115.

tous ceux de fortie fur les denrées du crû & des fabriques du royaume, fi l'on avoit joint dans le confeil de commerce des députés de la campagne aux députés des villes.

Mais ne feroit-il pas infiniment plus defirable , vu l'importance & la diverfité des objets , qu'il plût à fa majefté d'établir un confeil féparé, fous le nom de confeil royal d'agriculture & d'œconomie , compofé de perfonnes qui ne fuffent pas vouées aux autres parties de l'adminiftration ; & un bureau particulier pour cette partie fi effentielle, où l'on admît un député de chaque généralité,

généralité, ou plus d'un
même, dans le cas ou la généralité auroit trop d'étendue, ou des intérêts oppo-
fés : avec cette attention que
ces députés ne pourroient
être élus que parmi les pro-
priétiares, nobles ou rotu-
riers indifféremment, qui ré-
fident, ou qui ont long-
temps réfidé fur leurs biens,
& qui pofsèdent un certain
revenu en fond de terres?

Les grandes villes ont toutes leurs agens à Paris. Les
députés, que le commerce y
entretient, font choifis parmi leurs citoyens. Les fyndics
des pays d'états y font leur
réfidence. Les gens d'affaires

Partie III.   B

& de finance, depuis le fermier - général jufqu'aux fermiers des feigneurs, ont leur
compagnie & leur bureau à
Paris. Les campagnes feules
n'y ont aucune efpèce de
repréfentant ni d'appui. Eft-
il furprenant que leur intérêt, qui forme la portion la
plus confidérable de celui de
l'état, foit fi fouvent ignoré,
ou facrifié à des intérêts moins
importans ?

L'agriculture ne fe foutient,
en Angleterre, que par les
repréfentans qu'elle a dans le
parlement ; elle a déjà fait
des progrès en Dannemarck,
depuis l'établiffement d'un
confeil d'œconomie.

3°. Pour former cette députation de la campagne, il faudroit que messieurs les intendans voulussent bien en convoquer les principaux habitans, dans quelque endroit convenable ; que cette assemblée choisît ses députés, & leur assignât des fonds, ou par cotisation volontaire, ou par une imposition, qui seroit réglée par messieurs les intendans eux - mêmes.

Ils ont convoqué ces assemblées, toutes les fois qu'il s'est agi d'un intérêt commun à plusieurs communautés, & qu'il a été nécessaire qu'elles nommassent un député pour soutenir cet intérêt à la cour.

Or ce n'eſt plus ici un intérêt particulier ; c'eſt un intérêt général, toujours ſubſiſtant, non d'une province, mais de l'état.

Par ces arrangemens, en temps de guerre comme en temps de paix, & quelques affaires qu'il y eût d'ailleurs, on pourroit toujours s'occuper de celles de l'agriculture, du commerce des denrées, de leur circulation intérieure, de leur exportation, de leur fabrique, des réparations des terres, chemins, ruiſſeaux, ports, rivières navigables, & enfin de toutes les améliorations & encouragemens utiles.

Par là, tandis qu'une partie de l'adminiſtration ne ſongeroit qu'à perfectionner la régie des revenus du roi, il y en auroit une autre qui veilleroit ſans ceſſe à en augmenter les fonds les plus ſolides, & à ne pas les laiſſer détériorer.

4°. La police municipale, plus importante qu'elle ne paroît, pour faciliter les opérations de la police générale, ſe trouve trop foible & trop dépourvue de conſeil & de lumières dans les pays d'élections.

Il ſeroit bon qu'il y eût, dans chaque grande communauté, un conſeil politique & œconomique, compoſé

des principaux propriétaires,
négocians & artiftes , qui
s'affemblât une fois la femai-
ne dans quelque maifon par-
ticulière , fans obferver les
formalités d'un hôtel de ville ,
qui rebutent ou excluent les
perfonnes fouvent les plus
utiles.

Un feul confeil pourroit
fuffire pour plufieurs petites
communautés voifines.

On choifiroit, dans la première féance, trois fujets les
plus verfés dans l'agriculture,
le commerce & les arts ; &
on les chargeroit de faire des
mémoires fur ces matières ,
relativement au pays.

Ces mémoires , lus & ap-

prouvés par ledit confeil,
après un examen aifé à faire
fur les lieux mêmes, feroient
communiqués au refte de la
communauté : laquelle, ayant
auffi approuvé lefdits mémoires, prieroit les confuls
d'en faire tirer deux copies ;
l'une pour envoyer à l'intendant de la province, en
le fuppliant de les appuyer ;
l'autre au député de la campagne à Paris, pour la pré-
fenter au bureau, lequel en
feroit le rapport au confeil
royal d'agriculture & d'œ-
conomie.

L'objet de ces confeils particuliers étant le même que
celui de la fociété établie

en Bretagne, ils pourroient en tenir lieu, & l'effet en feroit plus prompt.

Il eft à préfumer que mef-fieurs les intendans, charmés de concourir à des vues fi utiles, ne demanderoient qu'à être inftruits du bien qu'ils peuvent faire, & des moyens de le procurer.

Quel zèle n'ont-ils pas témoigné pour la réparation des grandes routes & la plan-tation des meuriers?

On doit à M. de Bafville, intendant de Languedoc, l'é-tabliffement des meuriers dans une partie confidérable de cette province. Le fyftè-me des gratifications ne lui étoit pas inconnu, s'il eft vrai, comme on dit, qu'il donnât une récompenfe pour chaque meurier planté, qui auroit repris.

M. Dodart, intendant du Berry, par les encouragemens qu'il donne à la nouvelle préparation du chanvre, au filage & à la fabrique des toiles, rendra le peuple de cette province auffi induftrieux qu'il l'étoit autrefois.

J'apprends, monfieur, que le même zèle forme déjà des fociétés dans plufieurs capitales de province. Mais comme la culture a communément plus befoin de protec-

tion que d'inftruction , &
qu'elle a fouvent à combattre
les préjugés des grandes villes, comme vous le verrez
dans la fuite de ces mémoires, je crois qu'indépendam-
ment de ces fociétés, il feroit
très-néceffaire d'établir, dans
les campagnes, celles dont je
viens de vous parler, & dont
je vous parlerai encore dans
les lettres fuivantes. En attendant , monfieur , permettez
moi de finir celle - ci par
quelques obfervations rela-
tives à mon objet.

Rien ne fait plus de tort
aux campagnes que la non-
réfidence des feigneurs , &
leur réfidence dans des lieux

où personne ne parle pour elles. Les uns pourroient se charger de ce soin : d'autres pourroient, à l'exemple de M. le marquis de Turbilly, encourager & instruire les cultivateurs.

Vous connoissez, monsieur, un très-grand seigneur, à qui la Bretagne vient de marquer sa reconnoissance par une médaille digne des Romains. Cette province lui doit encore l'établissement de la société d'agriculture, & , sans compter plusieurs beaux règlemens, entr'autres l'adoucissement des corvées, *gratum opus agricolis.*

Ce seigneur possède de

grandes terres dans la Guyenne ; &, quoiqu'il ne les vi-
ſite que tous les deux ans,
dans l'intervalle des états,
elles ne laiſſent pas de ſe reſ-
ſentir de la faveur qu'il ac-
corde à l'agriculture & au
commerce.

SIXIEME LETTRE.

Sur le même fujet.

ENTRONS dans le détail de ce projet, monfieur ; les difficultés difparoîtront, & les avantages deviendront plus fenfibles.

Former, dans chaque ville, & dans les campagnes, par la communication des idées & des connoiffances, feul moyen de les perfectionner, des citoyens vertueux, éclairés, laborieux, utiles ; infpirer le goût du bien public ; faire connoître l'attrait & la douceur du patriotifme ; avoir des rapports fidèles de l'état des

provinces, des améliorations,
par tout omifes ou négligées,
par tout cenfées impratiqua-
bles, & par tout faciles : voilà,
en général, les avantages des
confeils politiques & œconomiques.

Voici des exemples de quelques avantages particuliers.

1°. Ces confeils, une fois
établis, dans l'élection de Condom, par exemple, qui fe
trouve entre la Garonne &
l'Adour ; une des chofes, dont
on pourroit d'abord les charger, feroit de donner des mémoires fur l'ancien projet de
joindre ces deux rivières.

Je ne crois pas qu'il y ait
aujourd'hui rien de plus inté-

reſſant qu'un canal, qui nous procureroit, pour le commerce que nous faiſons avec l'Eſpagne, les mêmes facilités que nous avons pour le commerce d'Italie par le canal de Languedoc; ſans que la guerre avec les puiſſances maritimes pût jamais y mettre obſtacle.

Outre le bien du commerce, ce canal concilieroit l'intérêt de la Haute-Guyenne, avec le privilège de Bordeaux, en facilitant l'exportation des vins par le port de Bayonne.

On ne peut ouvrir aſſez de ports, aſſez d'iſſues, aſſez de débouchés pour cette denrée. Je ne me laſſerai point de le répéter.

Ces mémoires, dreffés par des gens qui en ont fans ceffe l'objet devant les yeux, examinés enfuite par des ingénieurs, & la conftruction jugée par ces derniers peu difpendieufe ; il eft à croire que les négocians de Bayonne en feroient l'entreprife, vu l'augmentation de commerce que ce canal procureroit à leur ville.

On m'a dit que M. Tourny le père en avoit eu un plan tout dreffé, où l'on ne faifoit pas monter la dépenfe à plus de cinq cent millè livres ; & que ce plan devoit être à l'intendance.

2°. J'ai parlé, dans mes précédentes obfervations, d'un projet non moins important pour rendre la Garonne plus navigable, pour défendre fes bords & fes plaines les plus fertiles, &c. (*).

Les confeils œconomiques des villes fituées fur cette rivière fourniroient des mémoires là deffus, qui en montreroient l'exécution plus facile qu'on ne penfe.

La plantation des jettins fuffiroit en plufieurs endroits.

Depuis qu'on a conftruit le long de la Garonne une belle & fpacieufe route, cette rivière a emporté une partie de la plaine, au deffus de Ton-

(*) Tome I, chapitre 25.

nens, & menace le chemin dont elle n'est plus éloignée que de quelques toises.

Il ne falloit autre chose que planter des jettins le long de la rive, pour la conser- ver. Je connoissois les dispo- sitions qu'il y avoit eu de tout temps, (& il y en a encore aujourd'hui plus que jamais). Je soutiens depuis plus de trente ans, au moyen de quel- ques jettins, & sans être aidé par les autres aboutissans, une petite portion de cette rive. Cet exemple n'a pu les en- gager, malgré toutes mes ex- hortations, à défendre leur terrein. Les ordonnances mê- mes de messieurs les intendans ont été fans effet.

S'il y avoit eu un confeil œconomique & politique à Tonnens, & la correfpondance établie entre ce confeil & le bureau général, la réparation eût été faite, la plaine confervée, & le chemin hors de rifque.

Il en feroit de même de toutes les réparations nécef-faires à l'agriculture, au commerce, à la falubrité de l'air, pour l'entretien des ruiffeaux, foffés, conduits d'eaux, chemins, ports de rivière, avenues des villes & villages où fe tiennent les foires, les marchés, les entre-pôts des denrées, &c.

On emploieroit, à ces travaux indiſpenſables, les temps
de l'année où le peuple, ne
trouvant point à travailler,
eſt preſque toujours réduit à
mendier ſon pain.

On préviendroit les conflicts
de juriſdiction, dont ſe pré-
valent ces particuliers qui ré-
ſiſtent ſi fort aux réparations
publiques, que ces mêmes particuliers plus éclairés deſire-
roient à la fin.

3°. Je manquerois eſſen-
tiellement au but de cet ouvrage, ſi je ne rapportois pas ici
l'exemple ſuivant, par où je
terminerai ces détails.

Vous ſcavez, monſieur,
combien il eſt difficile d'in-

troduire dans la culture les changemens les plus avanta-geux, & d'arracher aux villes la plus petite portion d'indus-trie, pour la porter dans les campagnes.

Un particulier offrit d'a-mener de la Suisse, des paysans, des chevaux & des charrues, pour établir la nouvelle cul-ture dans ce pays. Il vouloit aussi faire venir des ouvriers pour la soie, pour le filage du chanvre & du lin, pour former des manufactures de petites étoffes, de mouchoirs, &c.

Ces offres auroient été ac-ceptées, & nous en verrions l'effet aujourd'hui, s'il y eût eu

des conseils politiques & œconomiques : plusieurs communautés voisines se feroient join-
tes, au cas qu'une seule n'eût
pas été en état de faire les
avances : on pouvoit même
les aider, si le bureau général en avoit eu connoissance.

Lorsqu'une ou plusieurs communautés sont assemblées,
proposez-leur un projet utile :
faites-en voir la facilité & le
peu de dépense ; il sera reçu :
proposez - le séparément à
quelques particuliers, il sera
rejetté, à moins que ce ne soit
un monopole, dont l'avan-
tage puisse devenir exclusif en
leur faveur. Mais, en public, il
n'y a pas de mauvais citoyens.

SEPTIEME LETTRE.

Objections & réponses.

Qu'il est difficile de faire du bien aux hommes ! Vous sentez qu'ils opposent à vos meilleurs intentions une espèce de *force d'inertie*, qu'il faut vaincre. Dans les uns, c'est le *Péruvianisme ;* dans les autres, c'est la rigueur qui le produit.

N'y a-t-il pas, me dira-t-on, de moyens plus simples que tous vos systèmes & tous vos projets, pour prévenir l'abandon de l'agriculture ?

Le roi de Sardaigne a rendu, depuis peu, une ordonnance pour enjoindre à tout paysan d'élever ses enfans au labourage, & à la culture des terres, sans permettre qu'ils s'attachent à d'autres professions, à peine d'obliger les contrevenans, par voie de contrainte, à se conformer à ce règlement.

Réponse. Un pareil règlement ne suppléera jamais au découragement de l'agriculture ; il seroit destructif dans les grandes monarchies ; il ne s'exécutera même convenablement, dans un petit état, qu'autant que l'autorité y restera toujours égale.

Un ancien usage a établi cette loi dans presque tout l'Orient ; elle y est religieu-

sement

fement obfervée. Mais indé-
pendamment de l'ufage, plus
fort par-tout que l'autorité, il
n'y a pas de pays où la condi-
tion des laboureurs foit plus
douce, plus tranquille & plus
refpectée.

On me dira encore : mais
vous, qui vous plaignez avec
raifon, de ce que les capitales
attirent tout l'argent, vous
voulez que vos députés y en
aillent porter davantage ?

Réponfe. Ils en porteroient
un peu pour conferver le refte.
D'ailleurs ne pourroit - on
pas charger de la députation,
des perfonnes de la province,
qui par goût ou par état, refi-
dent à Paris ?

Partie III. C

Vous connoiſſez comme moi, monſieur, un député qui s'eſt chargé gratuitement des affaires de tout un pays. Vous ſçavez qu'il agit ſans aucun intérêt perſonnel , & qu'il a déclaré par écrit aux Communautés qui l'ont nommé, qu'il ne leur demanderoit jamais rien.

L'émulation eſt capable de produire d'autres exemples d'un déſintéreſſement ſi noble.

Mais , inſiſtera-t-on , où voulez-vous que les gens de la campagne s'aſſemblent pour nommer leurs députés ?

Réponſe. Nous avons ſuppoſé un conſeil économique déjà formé dans les prin-

cipales communautés de chaque élection; & trois membres
de ce conseil, déjà choisis,
pour travailler sur l'agriculture, les arts & le com-
merce: l'un d'eux s'étoit chargé de se rendre à l'assemblée
générale, convoquée par messieurs les Intendans.

Il y a quatre élections dans
cette généralité, qui com-
prennent chacune un grand
diocèse. Je ne parle pas de la
cinquième parce qu'elle ne
manque pas d'agens à Paris.

Celles d'Agen & de Con-
lom pourroient s'assembler
dans l'une ou l'autre de ces
deux villes. Leur intérêt étant
e même: les deux autres à Pé-

C ij

rigueux ou à Sarlat.

On rappelleroit la forme des états provinciaux ; meſſieurs les évêques pourroient aſſiſter à ces aſſemblées, & permettre même qu'elles ſe tinſſent dans leur palais épiſcopal.

Il ſuffiroit de nommer deux députés réſidens à Paris, pour la Haute-Guienne, l'un pour Agen & Condom, l'autre pour Sarlat & Périgueux.

Cette augmentation de dépenſe ne ſurchargeroit pas beaucoup un pays, pauvre à la vérité, mais d'une aſſez grande étendue ; & ſi on vouloit abſolument l'éviter, il n'y auroit, dans ces aſſemblées, qu'à convenir d'envoyer des pouvoirs à quelqu'un du pays qui réfi- deroit dans la capitale.

Il ne feroit pas difficile de trouver un bon patriote, tel que celui que j'ai défigné tout à l'heure. Qui ofera rejetter une diftinction, une marque de confiance, fi honorables? Qui ne fera pas flatté d'être admis dans un Bureau com- pofé des plus refpectables ci- toyens?

Ceux avec qui vous vivez, monfieur, & qui ont vu par hazard cette province en paf- fant, vous diront tranquille- ment que la culture des terres n'y a nul befoin d'être encou- ragée. Ils remarquent d'ordi-

naire avec admiration que tout
y eſt cultivé, mais ils ne voyent
pas que tout y eſt mal cultivé.

Si vous leur faites obſer-
ver qu'une culture défectueuſe
ruine les terres & le cultiva-
teur, ils vous répondront avec
la même tranquillité, que c'eſt
ſa faute & qu'il ſuffit de l'inſ-
truire : qu'on a d'excellens
traités ſur l'amélioration de la
culture ; comme ſi ces traités
fourniſſoient l'aiſance & les
moyens.

D'autres, qui prendront les
choſes plus à cœur, adopte-
ront peut-être un projet nou-
vellement propoſé d'établir
des inſpecteurs d'agriculture,
à l'inſtar de ceux qui dirigent ſi

utilement les manufactures, le commerce, &c.

En vérité, monfieur, ce projet fait frémir. N'a-t-on pas créé affez d'emplois pour oc-cuper vos jeunes citadins fans expérience ? Quelles inftruc-tions, quels fecours en peut-on attendre ? Ne feroit-ce pas plutôt de nouvelles gênes pour achever d'écrafer l'agricul-ture ? s'eft-on fervi de pareils moyens en Irlande & en An-gleterre ?

Il eft certain qu'il y a des cultures déplacées, & qu'en général toutes les efpèces de terreins pourroient être mis en valeur avec plus d'avantage. Vous trouvez des vignes où

il fa udroit du bled, des prai-
ri es, du chanvre, &c. & du
bled-aucont raire où il faudroit
des vignes, des bois, des tail-
lis, &c. Ici l'on cultiveroit plus
utilement le ris, là le paftel ;
ailleurs lagarence, le fafran,
enfin le tabac qu'il feroit fi néceffaire de cultiver. Dans quelques endroits les prairies ar-
tificielles, rapporteroient le
double & le triple des prairies
ordinaires. On pourroit faire
par-tout plus de nourriffages,
foit de gros & menu bétail,
foit d'abeilles, de vers à foye,
&c.

Mais, comme je l'ai dit ailleurs, les cultures font toujours proportionnées au nom-

bre & aux facultés des cultivateurs , ainfi qu'au plus ou
moins de débouchés que four-
nit le commerce des denrées.
Mon deſſein eſt de vous faire
part, monſieur, de quelques
nouvelles obſervations ſur ce
commerce, le plus intéreſſant
& le moins connu de tous ceux
dont on traite aujourd'hui.

HUITIEME LETTRE.

Nouvelles observations sur le commerce des denrées.

JE vous prie, monsieur, de vous rappeller ce que j'ai déjà fait observer sur ce commerce, & sur le commerce en général (*).

Il est très-nécessaire de revenir souvent sur des objets si importans & si peu connus.

Mais, quand des gens plus habiles, & qui auront plus de loisir que moi, voudront les faire mieux connoître, ils trou-

(*) Voyez première partie, chap. 1, 2, 11 & suivans. Voyez aussi chap. 46, 47, &c., & plusieurs chapitres de la deuxième partie.

veront toujours ici des maté-
riaux brutes, qu'il leur faudroit également raffembler
dans les campagnes.

Ce n'eft plus là qu'on les
va chercher, ou, du moins on
ne les y prend pas de la première main.

Depuis que les états du
royaume n'étant plus convo-
qués, toute communication
d'idées & de connoiffances, entre les différens ordres des citoyens, a été rompue; on ne
confulte guère ceux qui habitent les champs.

On n'a que le commerce
étranger devant les yeux; on
n'en connoît point d'autre
aujourd'hui : on ne doute pas

que le commerce , tel qu'on
le conçoit, puiffe avoir des
inconvéniens : comment fon-
geroit-on à y remédier ?

Le commerce étranger rui-
neroit à la fin l'Angleterre fi
elle n'avoit pas plus d'attention
à en corriger les abus & les
excès ; fi, pour changer la
balance de ce commerce
qu'elle a reconnu lui être prefque toujours défavantageufe ,
elle n'encourageoit pas de
toutes fes forces le commerce
de fes denrées.

Le commerce des denrées ,
& par conféquent l'agriculture ne fe foutient dans ce pays-
là que par le grand nombre
de repréfentans que les cam-

pagnes ont dans le parlement :
On auroit de la peine à imaginer les difficultés que leur
oppofent fans ceffe les députés
des villes : Il fallut bien des
efforts pour vaincre ces difficultés à l'occafion feule du
bénéfice accordé fur les grains
exportés.

On fçait à quel point un fi
puiffant encouragement, donné à la culture, l'a augmentée &
perfectionnée dans cette ifle.

Mais n'y avons-nous pas
contribué, en nous interdifant
une exportation qui auroit
produit les mêmes effets en
France ?

Quels font les pays qui
tirent des grains d'Angleterre ?

ce fera une de nos provinces qu'un autre pourroit appro-
vifionner, ou bien l'Efpagne
& le Portugal dont nous fom-
mes plus à portée, fur-tout
fi le canal de communication
dont j'ai parlé, étoit fait.

On ne nous permettoit d'envoyer que du matris en Efpagne : ce bled a retenu le nom
du pays où il fe débitoit; &
la culture en a été fi fort augmentée que celle du froment
avoit fouffert quelque dimi-
nution & ne reprit que par
le commerce des minots (*)

Que le commerce des den-

(*) On peut ajouter ces deux cultures au
nombre de celles que j'ai dit avoir vu augmenter par le commerce. Voyez première partie,
chap. 11, page 13.

rées, que le commerce intérieur, retienne la population
dans les campagnes où il a lieu,
& que le commerce étranger,
le commerce brillant & de luxe , l'attire tout à la fin dans
les villes; ce font des vérités
d'obfervation : & pour s'en
convaincre pleinement, on
n'a qu'à jetter un regard fur la
Bretagne.

Une des premières remar-
ques de la fociété, nouvelle-
ment formée dans cette province, eft l'abandon des terres,
où les voyageurs apperçoivent
encore les traces des anciens
fillons (*).

(*) L'Agriculture eft dans un état de lan-
gueur qui frappe les yeux les moins attentifs.
Des perfonnes accoutumées à obferver & à cal-

On verra de même par-tout
que le peuple fuit le commerce dans les villes & dans les
ports de mer. Le peu de communication entre les différens
ordre des citoyens, laiſſe non
ſeulement un libre cours à leurs
préjugés, & en éterniſe la durée ; mais, de-là, viennent
encore cet eſprit particulier ſi
oppoſé à l'eſprit public, ces
ſyſtêmes qui, en favoriſant
l'ambition & l'avidité d'une
petite partie des ſujets, ôtent
l'aiſance & la liberté à tous
les autres: droits excluſifs,
privilèges onéreux, prohibi-
tions rigoureuſes, pénalités

culer, prétendent que les deux tiers de la Bretagne ſont incultes. Corps d'obſervations &c.,
années 1757 & 1758.

dures, &c. tout dérive de la
même fource.

Je fuis, monfieur, fort éloi-
gné de tout fyftême de rigueur,
nommément du fyftême fanati-
que qui défapprouve le commerce étranger & qui vou-
droit qu'on le fupprimât. Si je
fais remarquer les maux qu'il
nous caufe, j'en indique les
remèdes, pris en partie de ce
commerce même, auquel ils
fe rapportent prefque tous,
comme vous le verrez plus en
détail.

J'adopte auffi peu le fyftême également outré qui prof-
crit les colonies, quoique je
les aie mifes au rang des cau-
fes de la dépopulation; je crois

avoir montré ſuffiſamment les
ſolides richeſſes que nous procureroit le commerce du Nord,
en y portant nous mêmes les
denrées que nous cultivons,
avec celles que nous allons
chercher dans nos colonies &
dans le levant (*).

Quand j'ai vanté le com-
merce intérieur que nous
pourrions faire & qui nous
feroit aujourd'hui ſi utile, je
n'ai nullement prétendu que
nous duſſions nous y borner.

Mais pourquoi ne nous y
bornerions-nous pas, dira peut-
être quelqu'un ; car je ne ſerois
pas ſurpris qu'on paſſât d'une
extrémité à l'autre ; eſt-ce que

(*) Première partie, chap. 47 & ſuiv.

l'empire Chinois n'étoit pas plus puissant, lorsque sous ses propres Empereurs, avant l'invasion des Tartares, le commerce extérieur y étoit interdit (*) ?

J'observerai-là dessus, monsieur, que les loix de la Chine, trop sages, sans doute, pour empêcher l'exportation des denrées & matières fabriquées, se bornoient apparamment à défendre la sortie de tout ce qui pouvoit recevoir une augmentation de prix des mains de l'ouvrier, comme le vernis, la soie , la matière de la porcelaine , &c. ainsi que les An-

(*) Histoire générale des voyages, tome VI. livre II.

glois le pratiquent à l'égard de
leurs lainages..

Il ne feroit pas étonnant que
des voyageurs peu inftruits euffent pris des défenfes ainfi mo-
difiées pour une interdiction
totale du commerce étranger,
laquelle même, quand on la
fuppoferoit, n'auroit pu le fupprimer entièrement.

Un commerce, tel qu'on nous
dépeint le commerce intérieur
qui fe fait encore aujourd'hui
en Chine, multiplie trop les
productions d'un pays & leur
donne trop de mouvement
pour qu'elles ne fe répandent
pas au dehors.

Le commerce intérieur des
Chinois, ne fouffre point de

comparaifon avec celui d'aucun peuple de l'Europe. Nos
foires les plus fréquentées, dit
l'auteur que j'ai cité, ne font
qu'une foible image de la mul-
titude incroyable de peuple
qu'on voit dans la plupart des
villes de la Chine, & qui s'occupe à vendre ou acheter toutes fortes de commodités (*).

Vous fçavez, monfieur,
que malgré l'éloignement &
la difficulté du commerce
dans ce pays-là, nos compagnies d'Europe ne laiffent pas
d'y porter beaucoup d'argent.
Quel argent ne doivent donc
pas y répandre les nations
voifines, moins favoriféesde

(*) Ibid. pages 200 & 201.

la nature ou de l'art.

Comptez qu'il n'y a que les provinces à portée de ce commerce qui soient dans cet état de prospérité, & que les autres sont exposées à de terribles disettes.

Ne perdons point de vue, monsieur, les principes qui doivent nous guider : c'en est un, que *le commerce d'une nation forme un tout & comme un corps vivant qui tire ses alimens du dehors* (*). Cependant il faut convenir qu'un commerce intérieur tel que celui de la Chine, tel que le nôtre l'étoit autrefois, (**), & le seroit

(*) Première partie, chap. 47.
(**) Ibid chap. 14.

encore, (*) femblable à ces parties féparées du corps de certains animaux vivaces, peut conferver affez longtemps des reftes de vie , par des moyens que je vous indiquerai bien-tôt & qui ont lieu très-certainement à la Chine ; ou fi vous voulez une image plus jufte, il en fera quelquefois du commerce d'une nation , comme d'un arbre vigoureux, qui, au défaut des pluies, fe nourrit des fucs qu'il va cher-cher bien avant dans la terre , mais il faut fuppofer la libre circulation de la féve, quel-ques rofées imperceptibles de temps en temps, & tout cela

(*) Ibid chap. 46.

n'empêche pas que les pluies ne foient tôt ou tard néceſſaires.

Que de rapports ſinguliers n'aurions - nous pas avec les Chinois, ſi nous ſçavions en profiter ! Le commerce inté- rieur le plus brillant, la plus nombreuſe population & pen- dant un temps , comme je l'ai prouvé , proportionnément égal (*); joignez-y une po- ſition ſemblable aux deux bouts de ce continent ; beau- coup de rivières navigables ; un goût marqué pour les gran- des routes & les canaux de communication : le même gé- nie tourné aux arts & à la culture ; il ne nous manque-

(*) Ibid. page 34.

roit

roit que d'avoir des tribunaux d'agriculture &. d'économie comme à la Chine ; mais nos conseils municipaux , notre bureau & notre conseil royal ne pourroient-ils pas s'occuper plus utilement encore de ces grands objets ?

NEUVIEME LETTRE.

Sur le même ſujet.

DEPUIS quelque temps , monſieur , vos écrivains ne parlent que d'agriculture & de commerce , deux choſes qui ſemblent leur devoir être auſſi étrangères l'une que l'autre. Serions-nous parvenus à l'âge mûr, comme l'ami des hommes paroît le croire ?

Il me reſte des doutes ſur notre maturité. Je ne vois pas , dans ces divers écrits, qu'on ſe donne beaucoup la peine de remonter aux principes. Cependant les principes ren-

ferment le précis des connoiffances qu'il faudroit avoir
avant de traiter ces matières.
Eft-on fort à portée & fort
envieux d'acquérir des connoiffances dans le féjour que
vous habitez ?

N'eft-ce pas de ce défaut de
principes que naiffent vos dif-
putes ; fi le commerce con-
vient à la nobleffe ? s'il eft
avantageux de faire des toiles
peintes ? fi l'on ne doit pas
favorifer le commerce & les
arts de luxe, par préférence ?
fi les privilèges des villes, fi
l'exclufif font auffi dangereux
qu'on le prétend & auffi con-
traires au commerce ?

Comme je ne veux rien dire

D ij

ici qui puiſſe être diſputé, ne faiſant que de ſimples obſervations, je vais tâcher, monſieur, de vous donner une idée de ce que j'entends par le *Commerce*.

Le commerce ſuppoſe des vendeurs & des acheteurs.

Un particulier n'achète que ce qu'il n'a pas chez lui ; ce qui ne croît pas dans ſes terres, dans ſon jardin; ce qu'il ne peut ſe procurer qu'avec plus de frais & moins de profit par le travail domeſtique, & cela depuis les choſes les plus néceſſaires juſqu'à celles de pur luxe & d'agrément.

D'un autre côté : un particulier ne s'attache à aucune eſ-

pèce de culture , de com-
merce , de fabrique , d'art , de
profeſſion , &c , que ſuivant la
proportion dont le produit en
ſurpaſſe la miſe , c'eſt-à-dire,
le temps , le travail & les
avances.

Tel homme , par exemple ,
ne cultive que des fruits & des
légumes , & achète le vin & le
bled qui lui coûteroient davantage à faire venir dans ſon clos
& qui lui rendroient moins ;
tel autre achète les jardinages
pour ne pas retrancher de ſa
vigne & de ſon champ à bied ,
un morceau de terre qui lui
donne plus de revenu quitte.

Autrefois , par économie ,
on faiſoit faire chez ſoi cer-

taines étoffes ; aujourd'hui, par économie, on les achète chez le marchand. Il a été un temps, au contraire, où c'é- toit une économie de faire apprêter à manger chez le traiteur, &c.

Il faut donc que le fyftê- me économique de l'ache- teur fe concilie toujours avec le fyftême économique du vendeur, pour que cette re- lation s'établiffe entr'eux.

Ainfi il eft évident que c'eft le *meilleur marché*, qui eft le grand principe du com- merce, non feulement entre les particuliers , mais entre les villes, les provinces , les royaumes , enfin entre les quatre parties du monde.

Les Hollandois lui doivent tout. Au milieu de leurs marais presque inhabitables, on a vu s'élever des villes puissantes, parce que cette industrieuse nation découvrit le secret de faire, dans toute l'Europe, la fourniture du poisson salé à quelque chose de moins que les autres vendeurs.

L'attrait du meilleur marché peut être tel à l'égard des productions d'un pays, que, si ces productions se trouvent en assez grande quantité, & le transport libre & facile, ce pays ne laissera pas un sol à tous les autres.

Cet attrait peut cauſer tant d'illuſion qu'il eſt capable d'entraîner un jour dans les Indes toutes les forces de l'Europe, armées les unes contre les autres, pour s'arracher les profits imaginaires du commerce le plus ruineux que l'Europe puiſſe faire, & qui l'épuiſe depuis long-temps de peuple & d'argent, pour multiplier continuellement l'un par l'autre dans ces riches contrées.

Ce principe, monſieur, paroîtra peut-être nouveau à ceux qui ne connoiſſent que le commerce & les arts de luxe.

Le luxe ne recherche que

ce qu'il y a de plus cher ,
& mépriſe les choſes les plus
excellentes dès que l'abondance en avilit le prix.

Mais qu'on y prenne gar-
de ; le luxe lui-même eſt tri-
butaire du meilleur marché.
C'eſt ſouvent une économie
que d'acheter ce qui eſt le
plus cher.

L'ouvrier peut vous faire
trouver cette eſpèce de meilleur marché, dans la ſolidi-
té, dans la durée de ſon ouvrage , quelquefois même
dans un dégré de perfection
qui en augmentera la valeur
entre vos mains , lorqu'elle
ſera plus connue ; enfin dans
la proportion du prix de la

matière à celui de la façon : en voici un exemple :

Achetez de la vaiſſelle forte, & qu'un autre achète de la vaiſſelle qui pèſe moins, ou d'une matière moins précieuſe ; le prix des façons étant égal, n'eſt - il pas évident que la vôtre vous reviendra à beaucoup meilleur marché ?

Mais cette économie ne ſe trouvant à la portée que d'un petit nombre d'acheteurs opulents, la vaiſſelle foible, ou qui a ſervi, aura toujours le plus grand débit dans la concurrence.

Vous voyez tous les jours avec quelle fureur on achète

aux encans mille chofes de pur luxe, & dont on eut pu fe paffer.

Donnez-moi la ville la plus éloignée du commerce, le peuple le plus indifférent fur les commodités de la vie ; fi je porte dans cêtte ville des provifions, des drogues, des meubles, des denrées, des marchandifes, &c; & que je les offre en vente à un prix fort au-deffous du prix ordinaire, j'emporterai tout l'argent de ce peuple frugal, & je le rendrai voluptueux.

Ainfi, bien loin que le luxe faffe une exception au principe du meilleur marché, c'eft le meilleur marché, qui dirige le luxe de l'opulence; & qui le produit dans les fortunes médiocres.

DIXIEME LETTRE.

Sur le même sujet.

DE même que l'égalité des façons de l'ouvrier enchérit davantage les matières moins précieuses ; de même, monsieur, l'égalité des mises du négociant enchérit plus les denrées communes, à proportion de leur moindre valeur.

Dans ces mises, il faut surtout compter les droits, par la raison que j'en ai dit ailleurs (*) , & qu'on me permettra de rappeller ici,

(*) Première partie, chap. 24, page 102.

à caufe de fon extrême importance ; c'eft que les autres
avances font en général fuf-
ceptibles de crédit, au lieu
que les droits, par la nature
& l'effence de leur perception, ne le font pas.

Plus on diminue le cré-
dit, plus on diminue le commerce ; &, dans un pays où
l'intérêt de l'argent fe trouve
très - haut ainfi que les droits,
il eft impoffible que les em-
prunts qu'on fait pour les
payer n'abyfment le com-
merce.

Le défaut de crédit pour
le payement des droits, leur
excès & leur inégalité fur les
denrées les plus inégales en

valeur, arrête la circulation
des efpèces les plus com-
munes, dont la confomma-
tion feroit la plus forte, &
par conféquent la plus avan-
tageufe.

Que propofez-vous, mon-
fieur, pour ranimer la circulation ?

Rien que je fçache, finon
de faire de grandes routes,
de fupprimer au plus quelques petits péages fur les rivières, quand ils n'appar-
tiennent qu'aux feigneurs,
& que le titre n'en eft pas
bien clair.

Mais quand vous aurez
ruiné en corvées tous les
bœufs du labourage, que tou-

tes vos grandes routes feront,
faites, fi vous pouvez y par-
venir, & qu'on aura enfin
fongé à réparer les chemins
de traverfe ; voyant que les
denrées ne circulent guère
plus qu'auparavant , votre
étonnement fera pareil à celui d'un homme, qui, après
avoir creufé à grands frais
plufieurs canaux pour con-
duire dans fon héritage des
fources vives , s'apperçoit
tout-à-coup qu'elles n'y cou-
lent point, faute de pente.

C'eft le meilleur marché
qui donne la pente néceffaire
au cours des denrées, c'eft
cequi fait furmonter l'obfta-
cledes mauvais chemins. On

les voiture en été ; l'hiver,
on a les rivières.

Ce qui ôte la pente au
cours des denrées, & les
rend, pour ainſi dire, ſta-
gnantes, ce ſont les droits
dont j'ai déjà parlé, les privilèges excluſifs des villes &
de certains cantons d'une
même province, les mono-
poles des fourniſſeurs, le peu
de ſpéculation, &c.

Il faut que la circulation
des denrées, comme celle
qui ſe fait dans un corps
animé, ſoit toujours pleine,
ſoutenue, libre, facile, égale
& quaſi imperceptible. C'eſt
l'état de vigueur & de ſanté.
Quand elle eſt trop lente ou

trop rapide, retardée ou accélérée, c'est l'état de lan-
gueur & de maladie.

Il faut que le négociant
puisse toujours spéculer sur
les denrées aussi hardiment
que sur les marchandises, &
qu'on ne s'apperçoive pas
plus de lui quand il achète
du bled, du vin ou du chanvre, que lorsqu'il achète du
drap.

On sera surpris de ce que
j'ai avancé que la circulation
peut être trop accélérée ;
vous en conviendrez, mon-
sieur, si vous avez la patien-
ce de me suivre dans l'application que je ferai de mes
principes au commerce de

nos principales denrées. Ce
sera le sujet de ma première
lettre.

ONZIEME LETTRE.

*Commerce des principales den-
rées.*

Du Bled.

JE commencerai par le bled.
On revient enfin aux vrais
principes fur cet article. On
permit l'année dernière
(1759), à tous les marchands
& autres, de faire porter du
bled d'où ils voudroient, & de
le vendre au cours ; fans quoi,
nous aurions effuyé dans cette
province une difette pareille
à celle de 1748, & la cher-
té fe feroit foutenue cette

année & l'année fuivante.
La récolte a été générale-
ment affez mauvaife : nous ne
pouvons guère nous en pro-
mettre une meilleure : les terres ont été mal travaillées
& enfemencées trop tard ,
vu les fréquentes interrup-
tions caufées par les pluies
& par les corvées; vu encore
l'affoibliffement de l'activité
du laboureur, dont on ne
peut s'empêcher d'être frappé.

Ce n'eft pas le feul bien
qu'ait produit cette liberté fi
defirée. Il y a eu une abondance extraordinaire en certains cantons, à l'extrémité
de la province, où le commerce n'avoit pas pénétré

jufqu'à préfent ; tant il eft vrai que la difette n'eft prefque jamais totale. Nos négocians, monfieur, ont trouvé le moyen de faire voiturer les grains de ce pays - là, quoiqu'on n'aît pas encore fongé à y tracer des chemins.

La circulation ainfi rétablie, & fur l'expérience que nous en avons, ne femble-t-il pas que nous ne devons plus craindre de difettes ? Non, monfieur, cela ne fuffit pas pour nous en garantir ; & c'eft ce qu'il me refte de très - important à vous faire obferver.

La difette fe fait fentir en

Angleterre ; elle y fut extrême il y a deux ou trois ans.

La liberté du commerce
multiplie les denrées ; mais
il en eſt de ces richeſſes
comme de toutes les autres :
augmentées par-tout, elles
n'ont fait qu'augmenter la
pauvreté.

Un état n'eſt riche que
des réſerves des particuliers ;
ſans cela, vous avez beau
groſſir ſes revenus, il n'en
ſera que plus pauvre.

Ces réſerves entretiennent
la circulation, qui doit ſe répandre comme une roſée bien-
faiſante ſur les terres, & non
pas les inonder, ſi vous ne
voulez pas en tarir la ſource,

Une fièvre augmente les forces, mais elle les épuise.

La circulation peut être par conséquent trop accélérée, comme je m'étois engagé de vous en faire convenir.

Comment voulez-vous éviter les difettes, lorfqu'il arrive des années de ftérilité, fi tous ceux qui recueillent du bled au-delà de leur provifion ne peuvent pas garder pour le befoin une partie de cet excédent, en faifant des greniers publics?

Les greniers des peuples font les vrais magafins de l'état ; leurs réferves, fon véritable tréfor.

C'eſt

C'eſt dans vos villes, monſieur, à Londres même, que le goût des paradoxes, enfant de leur oiſiveté, a oſé combatre dans ces derniers temps cette ancienne & ſage maxime (*).

La Bretagne n'eſt pas plus fertile en bled· que les autres provinces; elle eſt même, comme vous l'avez vu ci-deſſus (**), aſſez mal cultivée. Nos landes ne ſont pas non plus bien fertiles; elles ont un aſſez grand rapport avec la Baſſe-Bretagne,

(*) Voyez la fable des Abeilles. Cette première idée d'un homme d'eſprit fut publiée en 1714 : il fit un livre pour la ſoutenir, dont les panégyriſtes du luxe ont abuſé.

(**) Lettre 8, page 63.

Partie III.　　　　　E

qui paroît n'en être qu'une extenfion le long des côtes de la mer. Le génie des habitans eft à peu près le même: leurs impôts font légers, ainfi que les frais & les travaux de leurs cultures. Ils regardent le froment comme une denrée de luxe, & n'en font prefque pas de confommation : c'eft ce qui leur donne la faculté de le mettre en réferve & d'en fournir au refte de la Guyenne, qui en recueille davantage, mais qui en confomme auffi beaucoup plus pour nourrir fes habitans, dont tous les travaux font coûteux & pénibles, & qui en exporte une grande quantité au moyen du commerce des farines.

Le commerce a fourni des fonds à la Hollande pour soutenir une guerre très-longue contre une des plus puissantes monarchies : mais c'est la frugalité Hollandoise qui étoit cause que ces fonds pouvoient être employés au service de l'état.

Il n'en seroit pas de même aujourd'hui : la guerre épuiseroit bientôt ces provinces, quoiqu'il y ait incomparablement plus de richesses.

DU CHANVRE.

Je ne me lasserai point de

le répéter , monfieur ; il eft furprenant que nous man- quions de chanvre dans ce royaume , & que notre pro- vince en tire une fi grande quantité de l'étranger.

Le commerce qui en aug- menteroit la culture , eft le plus aifé de tous. Rien de fi fûr que de fpéculer fur le chanvre. L'abondance qui en diminue le prix répond de fa bonne qua- lité. La garde en eft facile , & paie , dit-on , l'intérêt de l'ar- gent ; avantage confidérable , vû le taux de cet intérêt. Je n'ai pas de peine à le croire , du moins à l'égard du chanvre broyé ; il eft fi fec en fortant de cette opération , qu'il ne peut qu'augmenter de poids en le gardant.

Mais comment fpéculer fur une denrée qui eft fujette à être taxée, & que tout entrepreneur a droit de faire tomber inopinément, en donnant des commiffions fecrettes dans le Nord?

J'ai déjà indiqué un moyen très-fimple de prévenir ce dernier inconvénient : c'eft de mettre un droit modique d'un écu par quintal fur le chanvre étranger (*).

La grande quantité & la qualité fupérieure de celui qui croîtra dans le royaume, ren-

_____

(*) Voyez, dans la première partie, les chapitres 29 & fuivans, qui regardent le chanvre.

E iij

dra bientôt cette précaution inutile, au plus tard dans trois ou quatre ans.

Si ce droit, pendant un temps si court, enchérit la fourniture pour la marine royale, il paiera au roi ce surplus. Ce ne sera qu'une charge légère & momentanée sur le commerce ; & la seule qui, loin de retomber sur la culture comme toutes les autres, ne peut que la favoriser ; une avance peu forte que le commerce fera, pour avoir dans la suite le chanvre meilleur & à meilleur marché ; enfin ce ne sera qu'une petite partie de la contribution générale que tous les fonds de l'état lui doivent dans fes befoins & dans toutes les occafions d'augmenter fes ri-cheffes. Le commerce eft fait pour lui procurer une aifance générale , & non pour entaf-fer l'argent , comme la finan-ce , dans les mains de quelques particuliers.

DES VINS.

Ce que je vais vous faire re-marquer, monfieur, eft encore plus étonnant.

Croiroit-on que la moitié du peuple de ce grand royau-me ne boit que de l'eau , de la bière ou du cidre , tandis que l'autre moitié n'a pas de pain à manger , faute de pouvoir dé-biter fes vins ?

E iv

Croiroit - on que, dans le temps qu'on eſſuie de ſi fréquentes diſettes de grains, & des recoltes de vins ſi ſouvent accablantes par leur abondance, la Bretagne, la Normandie, &c, complantent en pommiers les meilleures terres à bled, pour avoir du cidre ; & que les braſſeries qui conſomment tant de grains ſe multiplient ſans ceſſe ?

Si le commerce des vins avoit été ménagé pendant la paix , de quelle reſſource n'eût - il pas été pendant la guerre ?

Avec quelle facilité, dans un beſoin , n'auroit - on pas levé 50 ou 60 millions ſur la confommation intérieure ?

Le confommateur ne fe feroit pas privé de l'ufage agréable de cette boiffon, fi les droits ne l'avoient enchérie que pour un temps.

Le vin, a-t-on dit, n'étant pas une denrée de première néceffité, on peut la charger de droits & les rendre perpétuels : cette taxe fera volontaire ; celui qui ne voudra pas la payer, ne boira pas de vin : on peut fe paffer d'en boire. On l'a fait auffi.

Un confeil royal d'économie, établi de bonne heure, auroit prévu cet inconvénient, comme il femble avoir été prévu par les états

E v

du royaume, lorfqu'en accordant des droits fur les confommations, ils en exceptèrent les vins & autres breuvages.

Les députés de la campagne auroient repréfenté qu'à la vérité on pouvoit fe paffer de boire du vin, mais qu'on ne pouvoit pas fe paffer d'en vendre :

Que c'eft une denrée de première néceffité pour celui qui la cultive ; qu'il n'a que cette reffource pour avoir du bled & pour payer fes charges : enfin que la moitié du royaume manque de toutes les néceffités é de la vie fi le vin ne fe vned pas.

Ils auroient auffi repréfenté que, dans le cas où il faudroit établir des droits, le tarif en devoit être réglé fur la valeur des vins & fur la jauge ; que l'égalité des droits fur les vins de prix & fur les petits vins excluoit à jamais ces derniers du commerce, au grand préjudice de l'état (*).

L'établiffement d'une fociété d'agriculture, de commerce & des arts, auroit pu prévenir, en Bretagne, cette injufte difpofition de droits, qui, dans le temps qu'elle en diminue le produt, fait fortir plus d'argent de la province, empêche les ouvriers étran-

(*) Voyez première partie, chapitres 19 & 46. Voyez auffi les motifs de la déclaration de 1701, rendue fur l'avis du confeil de commerce.

gers d'y venir, ou les rend plus chers, & prive le peuple d'une boisson qui le soutiendroit dans son travail.

On estime communément qu'il se consomme vingt mille tonneaux de vin dans la Bretagne, où le peuple n'en boit que les dimanches & les jours de fête. Avec un tarif bien réglé & des droits modérés, on y eut fait aller la consommation à plus de soixante mille tonneaux. A quel nombre de tonneaux ne pouvoit-elle pas être portée en Normandie, en Picardie, en Flandre, &c. ? Seroit-ce trop de l'évaluer aussi dans ces provinces commerçantes, peuplées, indus-

trieuſes, au triple de celle qui
s'y fait aujourd'hui, puiſqu'elle
y a preſque diminué dans la
même proportion, quoiqu'il
y ait beaucoup plus d'ouvriers
qu'autrefois ? Ai-je eu tort d'a-
vancer que, dans la ſuite des
temps, les provinces du Midi
auroient à peine aſſez de vins
pour approviſionner les provinces du Nord ? & qu'un ſi
grand mouvement donné aux
denrées & autres matières d'é-
change réciproque ne pou-
voit pas manquer de les faire
répandre au dehors ?

Qu'il auroit ouvert de
débouchés juſqu'au fond du
Nord de l'Europe ! Quel moyen
plus aiſé, plus ſûr & plus dé-

pendant de nous maintenant, de rétablir notre marine, si, même en attendant le secours du commerce extérieur, la balance de notre commerce intérieur étoit payée en argent par les villes où se fait la plus grande consommation, où va tout l'argent du royaume ? Cette balance, nécessaire à toutes les espèces de commerce, comme je l'ai dit ailleurs, rapporteroit une partie de cet argent dans les campagnes les plus éloignées.

Au lieu de donner le mouvement aux denrées, on l'a tout donné à l'argent ; l'argent se répand au-dehors & les denrées restent : bien plus,

on prend nos propres den-
rées de l'étranger ; & , par
rapport à notre marine , nous
avons des bois de conſtruction
admirables dans les Pyrénées
& mille richeſſes (*). Les
entrepreneurs les y laiſſeront ,

(*) Voyez première partie , chapitre 27 , &
deuxième partie , page 121 & ſuiv.

J'ajouterai ici des remarques qui confirment
les miennes , & qui valent beaucoup mieux.

" Les Pyrénées peuvent être plus utiles à
" la France , ſi on met leurs diverſes reſſources
" en valeur , que l'acquiſition de la plus riche
" province , laiſſée à ſon choix. Des forêts im-
" menſes en ſapins , qui peuvent être parta-
" gées en 70 coupes réglées , de 12 à 13 mille
" arbres chacune , d'une qualité ſupérieure ,
" pour la durée & la proportion , à la qualité
" actuelle des mâtures du Nord ; d'excellens
" chênes , des planches de toute eſpèce ; des
" mines de cuivre , de plomb , d'étaim , de co-
" balt , de fer. Les entrailles de la terre n'at-
" tendent que des mains induſtrieuſes pour nous
" prodiguer , à peu de frais , des richeſſes que
" nous payons chèrement aux étrangers. Il
" ſemble que tout ce qui appartient aux tra-
" vaux de la terre , ſoit mépriſé , ou du moins
" négligé parmi nous ".

parce que l'argent ne va pas de
ce côté-là ; ils traiteront avec
les Hollandois , comme ont
fait en dernier lieu les entrepreneurs Espagnols, à qui les
Hollandois fourniffent les ma-
tériaux, & les Anglois les conf-
tructeurs pour la marine (*).

Confidérations fur les finances , &c., tome
premier, pages 507 & 508.

(*) Voyez feconde partie, lettre II, pages
18 & fuiv. Il eft certain que tout entrepreneur,
tout négcciant qui habite une grande ville,
traite plutôt avec les étrangers, qu'avec les
gens du pays.

Il en eft des bois de charpente & de conftruction, comme du chanvre. L'un & l'autre
acquiert plus de maturité, a fes fibres plus fortes, & dure davantage quand il croît dans les
pays chauds. Les Espagnols en voient tous les
jours l'expérience, en comparant la durée des
vaiffeaux conftruits dans leurs colonies d'Amérique, avec la durée des vaiffeaux conftruits
du bois qui vient du Nord. Cependant leurs
entrepreneurs , comme les nôtres, aiment
mieux traiter avec les Hollandois. Ce fera
toujours l'inconvénient d'un commerce uniquement concentré dans les villes.

DOUZIEME LETTRE

Sur le même sujet.

A VANT d'aller plus loin, permettez, monfieur, que je revienne encore à vos préjugés. Je me trouve arrêté à tout moment par la crainte de n'être pas écouté.

Quelles raifons vous allèguerons - nous qui ne foient taxées de rufticité, d'humeur, qui n'excitent vos ris, ou peut - être votre indignation?

Riez, fi nous vous faifons pitié; irritez-vous, mais daignez nous entendre : souffrez que nous tâchions de détruire une illusion fatale qui fait tant de tort à l'agriculture que vous voulez protéger.

» De nos vins & de nos bleds,
» disoient les marchands de
» Paris, dans une reqûete
» (*), les étrangers s'en peu-
» vent passer...... de sorte
» qu'à dire vrai, nous n'avons
» que le commerce & nos ma-
» nufactures qui attirent l'or &
» l'argent par le moyen duquel
» nos armées subsistent «.

Voilà quels ont été, & quels font encore les principes dont

(*) Requête des marchands de Paris, &c., dans le premier volume des recherches & considérations sur les finances de France, page 267 & suiv.

on veut que vous partiez. Le grand principe du commerce, ainfi que des arts, des cultures, enfin de toute efpèce de travail & d'économie ; le principe du meilleur marché n'eft pas moins ignoré chez vous aujourd'hui qu'il l'étoit alors.

Tous vos marchands fe font ligués contre ces pauvres colporteurs, qui épargnent tout, hors leur peine, pour vendre à meilleur marché qu'eux, & qui font très-utiles dans nos campagnes.

Dans un mémoire contre les toiles peintes, fait au nom des marchands qui habitent les villes les plus commerçantes

du royaume, il eſt dit que ce
qui forme le fond principal
du commerce & des richeſſes,
n'eſt pas de faire venir en abondance du bled & du vin, mais
de préparer ces denrées groſ-
ſières d'une façon élégante,
qui tende à leur donner une
façon de pur agrément.

J'avoue que je devine plutôt le motif que le ſens de ces
paroles. Vos marchands veu-
lent *travailler nos provinces en
commerce*, comme vos finan-
ciers tâchent de les *travailler
en finance* (*) : ou bien ils
prétendent que le commerce
qu'ils font mérite ſeul la pro-

(*) Voyez la ſuite de l'ami des hommes, tome 4, pages 203, 204 & ſuiv.

tection du gouvernement ; &
c'est pour le prouver sans doute
que, dans la suite du mémoire,
on rapporte aux effets de cette
faveur, l'accroissement excessif
des métiers & des ouvriers dans
les grandes villes.

» Il n'y avoit, dit-on, que
» deux mille métiers & dix mil-
» le ouvriers à Lyon, en 1685 ;
» on y compte à présent dix
» mille métiers & soixante
» mille ouvriers (*) «.

Supposons, monsieur, qu'un
pareil mémoire fût porté au
bureau d'agriculture & d'économie, si nous en avions un,
& qu'on permît à quelqu'un de

_____

(*) Examen, &c., de l'usage & fabrication
des toiles peintes.

nos groſſiers députés d'inter-
roger ces députés ſi polis de
Lyon, Tours, Rouen, &c., &
des ſix corps des marchands
de Paris ; j'imagine qu'il leur
tiendroit ce diſcours : » Pour-
» riez - vous nous apprendre
„ d'où ſont venus à Lyon ces
„ ſoixante mille ouvriers? s'il
„ n'en eſt pas ſorti autant, ou
„ peut-être davantage, pour
„ aller en Suiſſe, en Pruſſe,
„ en Ruſſie, en Angleterre
„ &c? Si dix mille ouvriers ne
„ ſuffiroient pas, comme en
„ 1685, pour une ſeule ville?
„ ſi les cinquante mille d'excé-
„ dent, répandus dans les cam-
„ pagnes, en cas néanmoins
„ qu'on n'eût pas beſoin d'eux

„ pour les cultiver, n'y tra-
„ vailleroient pas auſſi bien
„ qu'à Lyon ? ».

Huit mille métiers retran-
chés d'une ville où ils cauſent
ſouvent du trouble, feroient
ſubſiſter paiſiblement quatre
mille villages, au nombre deſ-
quels il faut ſur-tout compter
ceux où l'on recueille la ſoie :
Déduiſez les profits, toujours
très - conſidérables, que doit
faire, ou que ſe propoſe tout
entrepreneur dans une grande
ville ; une bonne partie des
frais pour la nourriture, l'entretien & le logement des ouvriers, pour la conſtruction ou
louage des bâtimens néceſſaires à des manufactures im-

menſes ; vous trouverez , monſieur, que, par le meilleur marché des ouvrages de nos petites
fabriques, nous ſoutiendrions
beaucoup mieux la concur-
rence avec l'étranger , laquelle
commence à nous être déſa-
vantageuſe.

J'ai cru que ces obſerva-
tions devoient précéder celles
que je vais maintenant ajouter
à l'article de la ſoie (*).

DE LA SOIE.

Il y a tels cantons de la
Haute-Guyenne où les meu-
riers viennent comme dans le
Piémont, & donnent la plus
belle feuille du monde : la ſoie

(*) Voyez II partie , chap. 13 & ſuiv.

en

en est pareillement très-belle.
Mais, dans un pays où la culture des terres est la seule industrie des habitans, on ne
doit pas attendre que ce nouvel
établissement fasse de grands
progrès, jusqu'à ce qu'il y ait
des ouvriers qui emploient la
soie sur les lieux.

Ce n'est que par la facilité
qu'on trouvera à se défaire des
petites quantités de cette denrée naissante, qu'on s'attachera
à en faire venir davantage ; &
ce n'est qu'en multipliant ces
petites quantités que le produit
total peut devenir un objet très-
considérable. Ces germes de
manufactures, semés dans quelques petites villes, n'auroient

beſoin que de légères avances.

Un moulin pour tordre, dé-
vider & doubler la ſoie ne
coûteroit pas beaucoup, non
plus que certains frais qu'il
y auroit à faire pour les teintu-
res & pour le parfait tirage,
particulièrement de l'organ
ſin, dont on a déjà fait des
eſſais admirables avec les tours
ordinaires.

J'ai dit que la culture de la
ſoie rendroit peut-être beaucoup plus en Allemagne & en
général dans les pays froids.

On a regardé cette conjec-
ture, qui n'eſt que trop fondée,
comme un paradoxe fort étranger; parce que la culture de la
ſoie nous vient des Indes, que

nous regardons comme un pays très-chaud, ainſi que tous ceux où elle s'eſt étendue avec ſuccès dans le reſte de l'Aſie & en Europe.

Malgré cela, monſieur, il eſt bien à craindre que je n'aie eu raiſon.

1°. Les thermomètres de M. de Réaumur nous ont appris que le dégré de la chaleur ordinaire de ces climats, que nous croyons ſi brûlans, eſt fort au deſſous de celle que nous avons quelquefois ici dans certains jours d'été & même de printemps. On a remarqué d'ailleurs qu'à meſure que l'on va vers l'orient, pays natal des vers à ſoie, il fait plus de froid fous les mêmespara llèles (*).

2°. Depuis que j'ai comparé les obfervations de M. Dufti avec les miennes, je me fuis encore plus confirmé dans mon idée. Les expériences raifonnées que ce fçavant a faites à Vienne, démontrent, comme je l'ai toujours penfé, parce qu'il en eft de même de toutes les chenilles, que les vers à foie craignent beaucoup plus le chaud que le froid.

3°. Je fçais par ma propre expérience, conforme en ce point à celle des Chinois, que fi le chaud peut dans un moment perdre cette récolte, le

(*) Mémoires de Berlin, année 1746, page 258. On peut voir les expériences de M. Dufti, dans le journal étranger, mars 1758.

froid la retarde beaucoup ; &
que, plus elle eſt retardée, plus
il y a de déchet. Or les poëles
d'Allemagne offrent un moyen
commode, déjà tout prêt &
peu coûteux, qui préviendra
ce retardement : on l'a éprouvé
en quelques endroits du Languedoc, mais on ne ſçauroit
établir des poëles dans cette
province pour tant de petits
nourriſſages (*).

Je pourrois vous alléguer
d'autres raiſons, dans le détail
deſquelles vous me diſpenſerez
d'entrer, qui me convainquent
tous les jours de plus en plus
que l'Allemagne recueillera

(*) On peut conſulter, ſur cette épreuve,
un mémoire de M. de Sauvages, d'après lequel
M. Duſti a fait les ſiennes.

F iij

plus de foie , la préparera mieux , & fera plus fouvent en état de nous en fournir que d'en prendre de nous (*).

Mais pourquoi, monfieur, comme je l'ai déjà dit, ne pas nous attacher aux cultures qui nous font propres; à ces cultures dont nous avons, pour ainfi parler, reçu de la nature le privilège exclufif, du moins par rapport à l'abondance, à la qualité fupérieure, à la facilité du tranfport , & fur-tout par rapport au meilleur marché du produit ? Telle eft celle

(*) Les entrepreneurs des grandes manufactures, la tireront un jour de ce pays-là ; ils allègueront qu'elle eft mieux préparée , qu'il y a moins de déchet, &c. : c'eft ce qui leur fait donner la préférençe , difent-ils, au chanvre du Nord.

du vin, dont j'ai fuffifamment
traité ; telle feroit celle du tabac, dont il s'en faut bien que
j'aie dit tout ce qu'il y avoit
à dire, comme vous le verrez
dans les lettres fuivantes.

TREIZIEME LETTRE.

Du Tabac.

C'EST encore ici un sujet d'étonnement , & le plus grand de tous. Oui, monsieur, il est incompréhensible que ce soient les Anglois, qui fassent seuls, ou presque seuls, la fourniture de tabac dans ce royaume, dans le temps même de la guerre la plus animée ; & que leurs barques chargées de tabac entrent paisiblement dans nos ports à la vue des armemens qu'ils préparent pour les détruire.

Un de leurs écrivains dit : » Les deux colonies de tabac,

» qui font Maryland & la Vir-
» ginie, produifent, année
» courante, quatre-vingt mille
» tonneaux de tabac, qui rap-
» portent à la couronne un re-
» venu annuel de feize cent
» mille livres fterling. Les au-
» tres colonies ne fourniffant
» pas fi précifément au com-
» merce de la nation, ne font
» pas fi avantageufes à l'Angle-
» terre que celles du tabac....
» Ce font elles qui nous met-
» tent en état de foutenir l'im-
» menfe flotte qui fait toute no-
» tre défenfe. Si l'on nous ôtoit
» cette reffource, nous per-
» drions toute notre importan-
» ce en Europe. (*) «

(*) Confidérations d'un patriote Anglois.

F v

Ne font-ce pas toujours vos préjugés, monſieur, qui empêchent de voir & de ſentir le double mal que nous nous faiſons, en faiſant tant de bien à cette nation?

Pouvons-nous la laiſſer jouir d'un commerce qui la rend ſi puiſſante, dans le temps qu'elle ſe glorifie d'avoir détruit le nôtre? dans le temps que nous pouvons lui ôter tout, en rendant la culture libre? dans le temps que nous pouvons nous-mêmes faire ce commerce; & qu'elle ne peut nous en empêcher,

ſur les colonies de l'Amérique, dans le journ. écon., octobre 1758.

comme je l'ai déjà fait voir? (*)

Ne font - ce pas toujours vos préjugés, vos aveugles préventions en faveur de l'exclufif, qui font imaginer, fur ce que j'ai propofé pour tâcher de recouvrer nos avantages, que, s'il étoit permis de faire venir du tabac dans fon jardin, il n'y auroit plus de commerce? Mais le faifons - nous, ce commerce? Qui perdroit à cela? fi ce n'eft un peuple qui a conjuré notre perte, ou quelques particuliers dont les gains exorbitans concourent au même but?

Mais encore, monfieur,

(*) II partie, voyez les 6 premiers chap.

F vj

quand il feroit libre de cultiver le tabac par tout, cette
culture ne fe borneroit-elle
pas d'elle-même aux endroits
où elle feroit du plus grand
rapport ? Le commerce ne
naîtroit-il pas de-là, comme
il avoit fait, comme il fait
toujours, comme on le voit
à l'égard du bled, du vin &
des autres denrées, qu'il n'eft
défendu à perfonne de re-
cueillir chez foi ?

Il y auroit bientôt des
marchands, comme il y en
avoit autrefois, qui fe char-
geroient du magafinage, de
la fabrication & du tranfport des matières fabriquées
audedans & audehors du

royaume ; par la raison que les frais en seroient moins grands, & le profit plus confidérable pour eux que pour le propriétaire de la denrée.

Cette manufacture, capable un jour de soutenir l'état, si l'on ne l'avoit pas arrêtée dans ses progrès, n'étoit ouverte qu'en hiver ; elle n'auroit ôté aucun sujet à la classe des cultivateurs, en la surchargeant encore comme ont fait les autres, par des exemptions de corvées & de milices pour leurs ouvriers.

Depuis que j'ai proposé de rendre cette culture libre, & de convertir le prix de la ferme en quelque autre droit

(*) , les nouvelles publiques ont pu vous apprendre, monſieur , & j'en ſuis d'ailleurs plus particulièrement informé, que ce projet a été exécuté avec ſuccès dans les états du pape.

La ferme y rapportoit quatre-vingt ſix mille ducats. Cette ſomme, plus conſidérable pour les finances de ſa Sainteté que ne le ſeroit celle de vingt-millions pour les finances du roi, a été remplacée avec une économie admirable, au moyen d'une légère augmentation ſur certains droits d'entrée & de conſommation. Rome en ſupporte le quart, & les autres

(*) II.º partie , chapitre 6.

villes partagent le reste entre
elles , à proportion de leur
grandeur & de leur opulence.
Ainsi les compagnies, sans être
sensiblement plus chargées ,
jouissent d'une liberté , d'une
culture & d'un commerce ca-
pables de les rendre aussi riches
& aussi peuplées qu'elles l'é-
toient dans les beaux jours de
l'Italie.

Si vous ne voulez pas suivre
un exemple qu'on ne peut trop
se presser d'imiter , vous avez
tant d'autres moyens de rem-
placement ; & il n'y en a point
qui ne soit préférable à la ferme.

Faites plusieurs biens à la
fois : réprimez un luxe effréné

par des taxes fur tout ce qui en
eft l'objet.

Donnez l'adjudication de ces
nouveaux droits aux fermiers,
pour les indemnifer de la vente
exclufive du tabac; je fuis très-
perfuadé qu'au lieu de quatorze millions ils en offriront
vingt.

C'eft ici, monfieur, que je
crains le plus de choquer vos
préjugés. Diminuer le luxe? n'a-
t-on pas affez prouvé fon uti-
lité? N'eft-ce pas vouloir retar-
der la circulation de l'argent?
Voilà ce qu'on dira, & vous ne
trouverez guère perfonne à qui
cette idée de modérer le luxe
ne paroiffe ruftique, furannée,
& digne, comme on s'exprime

vulgairement, en figne de mépris, du temps de Henri IV : j'avoue pourtant que ce feroit la mienne ; j'avoue même que je voudrois auffi qu'on pût modérer la fureur du jeu, quoiqu'il faffe circuler l'argent encore plus vîte.

L'argent ne fe répand qu'avec trop de rapidité & par trop de moyens : je l'ai déjà obfervé. Mais où fe répand-il ?

Pendant qu'il règne une aride féchereffe dans les provinces éloignées, eft-ce affez qu'il tombe des pluies abondantes dans la capitale & aux environs ?

Ah ! monfieur, vos pluies retombent toujours dans la mer!

Les fontaines, les ruisseaux ,
les rivières cesseront bientôt
de porter dans ce goufre leur
tribut accoutumé.

QUATORZIEME LETTRE.

Queſtions & Réponſes.

JE viens préſentement, monſieur, aux diverſes queſtions
que vous avez bien voulu me
communiquer.

La première eſt conçue dans
les mêmes termes que feu M. de
Gournay me l'avoit propoſée.
Je vous ferai part de quelques
détails peu connus & aſſez
intéreſſans, où j'avois commen-
cé d'entrer, pour répondre aux
vues de cet excellent citoyen.
Je n'eus pas le courage de finir. Sa mort me fit tomber la
plume de la main : je ne l'au-

rois pas reprife fans vous.

Voici cette queftion :

» Sçavoir quel intérêt on a
» eu en vue , lorfqu'on s'eft
» déterminé , en 1719 , à fup-
» primer la culture du tabac
» en France ?

» Si c'eft dans l'intérêt du
» roi , ou dans celui de fes fu-
» jets, qu'on a ordonné cette
» fuppreffion; faire voir le pré-
» judice qu'en ont reçu ces
» deux intérêts. Si c'eft dans
» l'intérêt de la ferme; faire
» voir que l'intérêt du fermier
» eft fouvent oppofé à l'intérêt
» du propriétaire , qui eft le
» roi & le peuple ».

Dans un royaume auffi ri-
che en toutes fortes de cultu-

res où l'on jettoit à peine les yeux fur cet objet, il n'étoit pas aifé de fentir qu'on eût un fi grand intérêt à la culture du tabac, ni que le facrifice qu'on en fit en 1719 dût coûter fi cher à la France.

Pour faire mieux connoître les motifs de cette funefte opération, je rappellerai celles qui l'avoient en quelque façon préparée.

Le premier réglement fait à l'occafion du tabac eft de l'année 1629. On y foumet le petun (c'eft ainfi qu'on appelloit alors le tabac) à payer trente fols par livre à fon entrée dans le royaume; mais, pour favorifer l'établiffement

& l'accroiſſement des colonies, tout le tabac provenant du crû des iſles & colonies Françoiſes étoit exempt de droits (*).

Ce règlement, digne du grand Colbert, fut détruit par lui, ajoute l'auteur que je cite.

M. Colbert étoit à la tête des finances lorſqu'en 1674 on accorda pour la première fois à un fermier la vente ex-cluſive du tabac (**).

La culture & le commerce du tabac avoient dès-lors fait des progrès en France, M.

(*) Recherches & Conſidérations ſur les Fi-nances de France, tome I, pag. 213.

Notez que la culture du tabac commença de s'établir à Clairac vers le même temps, ou peu après (comme je l'ai dit Partie II, p. 32,) & que ce réglement la favoriſa.

(**) *Ibid.* page 537.

Colbert n'en étoit pas sans doute informé.

Il n'auroit pas consenti, comme il fit en 1681, à retrancher plusieurs branches de cette précieuse culture qui s'étendoient déjà assez loin, & dans d'autres provinces.

Ce retranchement donna lieu à l'introduction du tabac étranger contre tous les principes, & M. Colbert ne les ignoroit pas.

Mais ce qui marque encore plus la surprise, & le besoin qu'on auroit eu d'un conseil d'agriculture & de commerce, ce qui fit le plus grand mal, ce qui a occasionné tant d'autres maux, c'est l'article V de cette même ordonnance, du mois de juillet 1681.

Il y eſt dit : que le fermier ne pourroit vendre au-deſſus de vingt-ſols en gros , & de vingt-cinq ſols en détail, le tabac du crû du royaume & des iſles Françoiſes de l'Amérique ; mais qu'il pourroit vendre au double le tabac du Bréſil & autres tabacs étrangers, ſçavoir quarante ſols en gros & cinquante ſols en détail.

On crut apparemment que la différence des prix favoriſeroit nos tabacs , comme en 1629. On ne fit pas attention que l'excluſif étant l'envers de la liberté & de la concurrence, plus on auroit diminué le prix

du

du tabac national & augmenté le prix du tabac étranger, plus le fermier devoit avoir d'intérêt à introduire le tabac étranger dans le royaume, à augmenter l'importation & le débit de ce tabac ; & par conféquent à décourager l'importation, le débit & la culture du tabac national.

On ne conçoit pas comment de fi fauffes combinaifons ont pu échapper à M. Colbert. Il ne tarda pas à s'en appercevoir, puifqu'il fut d'avis bientôt après d'abolir cette ferme (*) ; & il falloit qu'il en fentît quelque chofe dès

(*) Cet avis de M. Colbert eft rapporté dans le premier volume des Recherches & Confidérations fur les Finances, &c. page 571.

G

lors, puisque, par une précaution qui fait honneur à sa prévoyance, il est dit, dans la même ordonnance de 1681, qu'après que le fermier seroit pourvu, il seroit libre aux cultivans d'envoyer le reste de leurs tabacs à l'étranger, en les déclarant au fermier, & en prenant un passavant à un bureau du roi. Il ne lui restoit que ce seul moyen de soutenir la culture; & en effet elle se soutint par là (*).

Mais cela n'empêcha pas que le tabac des Anglois, inconnu en France dans le temps que le nôtre se vendoit & étoit es-

(*) Voyez II part. chap. I.

timé en Angleterre (*), ne
s'accréditât peu à peu parmi
nous, & à notre exemple ailleurs, au point de devenir l'objet le plus confidérable de leur
commerce.

Il en étoit encore affez éloi-
gné lorfqu'il excita notre émulation. On voulut établir des
plantations de tabac à la Louifiane ; & on jugea avec raifon
que cet établiffement fe feroit
mieux par une compagnie de
négocians que par des fermiers
(**).

La compagnie des Indes en
fut chargée, & y fit d'abord
quelques progrès. Mais, par une

(*) Voyez les états rapportés dans le Négociant Anglois.
(**) Voyez II partie, ch. 1.

G ij

fuite des fauffes combinaifons
dont je viens de parler, on lui
donna un plus grand intérêt encore que n'avoient eu les fermiers à favorifer l'importation
du tabac Anglois, croyant favorifer, encore plus qu'on n'a-
voit fait en 1681, l'importation & le débit du tabac national.

Nous avons expofé, dans la
feconde partie de cet ouvrage
(*), comme quoi la compa-
gnie des Indes avoit renoncé
à la vente exclufive du tabac,
fe contentant, pour l'avantage
du commerce, de percevoir
des droits fur tous les tabacs
qu'il feroit libre à un chacun

(*) Voyez II partie, ch. 1.

de faire entrer dans le royaume. Mais nous n'avons pas fait
obferver que cette compagnie
fe réfervant en même temps
la perception exclufive de ces
droits d'entrées , on pouvoît
croire que, comme les fermiers qui avoient auparavant
la vente exclufive trouvoient
un plus grand profit fur le tabac étranger qu'ils vendoient
le double de notre tabac , la
compagnie trouveroit à plus
forte raifon un plus grand profit fur l'importation du tabac
étranger , puifqu'elle perce-
vroit fur ce tabac un droit triple de celui qui lui étoit accordé fur l'entrée du tabac de nos
colonies.

L'article II de l'arrêt de suppreſſion de nos plantations (*) porte que le tabac venant de la Louiſiane, &c., ne paiera pour droit d'entrée que vingt-cinq livres par quintal ; tandis que la compagnie pourra percevoir le triple de ce droit, ſçavoir ſoixante quinze livres par quintal, ſur le tabac qui viendra de la Virginie &c., d'où le fermier le tiroit, comme nous l'avons remarqué.

C'étoit, comme vous voyez, monſieur, enchérir encore ſur l'application qu'on avoit faite à rebours du principe du meilleur marché.

Il falloit que tous les preſ-

(*) Du 29 décembre 1719.

tiges du syftême de Law fe
joigniffent aux illufions du fyf-
têne des fermes, pour ne pas
voir alors qu'il étoit impoffible
d'aller plus directement contre le but qu'on fe propofoit
de favorifer les plantations du
tabac à la Louifiane, & d'en
empêcher les progrès dans les
colonies Angloifes, où il étoit
vifible qu'elles ne pouvoient
manquer de s'étendre davantage ; & qu'au cas que ces
plantations ne puffent pas réuf-
fir dans la Louifiane, nous nous
privions d'une reffource af-
furée, en fupprimant fous les
plus grièves peines les plantations déjà établies dans le
royaume, lefquelles feroient

tombées d'elles-mêmes fi celles
de la Louifiane avoient réuffi.

Jugez, monfieur, maintenant
que l'intérêt prévalut quand
on fit cette fatale opération en
1619; & fi les Anglois ne peuvent pas la prendre pour l'époque de leur aggrandiffement &
de leur importance, non feulement en Europe, mais dans
les deux Indes & en Afrique.
Je répondrai à votre feconde
queftion, dans une autre lettre.

QUINZIEME LETTRE.

Continuation.

VOICI cette feconde queftion.

Les premières colonies s'étant formées par les plantations du tabac, ne pourroit-on pas tenter de nouveau d'établir ces plantations à la Louifiane?

REPONSE.

Les premières colonies, qui doivent leur naiffance à la culture du tabac, s'étoient formées dans des ifles, où peu de monde fuffifoit pour les peupler & pour les défendre.

Les colonies Angloifes, la

Gv

marine de cette nation, la jaloufie du commerce, font des obftacles à vaincre aujourd'hui, qui n'exiftoient pas alors.

Ne feroit-il pas plus fimple, monfieur, de rétablir les plantations du tabac dans le royaume? quand nous n'en ferions venir que pour notre confommation, ne feroit-ce pas beaucoup? Faudra-t-il toujours tirer de l'étranger ce qui croît fi bien dans notre terrein?

Je ne puis rien ajouter à ce que j'ai déjà dit fur ce projet dans la feconde partie de cet ouvrage.

TROISIEME QUESTION.

Si l'on permettoit les plan-

tations du tabac dans le royaume, ne seroit-il pas à propos
d'impofer un droit par arpent
de terre, comme dans la Fran-
che-Comté ?

RÉPONSE.

Eh, monfieur ! eft-ce le
moyen d'encourager un établiffement ?

On a permis, dans la Fran-
che-Comté, de complanter
en tabac 500 arpens de terre,
moyennant un droit de 100
liv. par arpent : ce droit a été
réduit depuis à 80 liv. Mais,
malgré cette réduction, au lieu
de 500 arpens, on n'en cultive
pas 400 aujourd'hui, & bien-

tôt on n'en cultivera pas du tout.

Non, monsieur, on n'établira jamais ces plantations nulle part, si l'on confie ce soin à une compagnie de fermiers ou de négocians, ni quand on voudroit unir la ferme au commerce, suivant l'idée d'un auteur récent (*). Le seul moyen est de laisser la culture libre.

Je prie tous ceux qui peuvent être choqués de ce que j'ai proposé de mettre une taxe sur le luxe ; je les prie, dis-je, de considérer que le tabac est une de ces taxes ; que le hasard l'a introduite, & qu'il l'a très-mal combinée : car ce n'est pas

(*) Le Financier citoyen.

uniquement le riche qui la paie fans s'incommoder, comme je voudrois que cela fût : elle porte également fur le pauvre qu'elle incommode beaucoup.

C'eft une dépenfe volontaire, je l'avoue, mais qui n'ôte pas moins au peuple le peu qu'il pourroit mettre en réferve : or, felon mes principes, les réferves des particuliers forment le fonds des richeffes de l'état ; & la fomme des plus petites réferves, qui font celles du peuple, fait une grande partie de ce fonds & ce qu'il y a de plus folide.

Ainfi je m'en tiendrois à des taxes qui ne puffent être fupportées que par le luxe de l'opulence, par ce fonds mobile des richeſſes de l'état, qui ſe diſſipe également de lui-même.

Qui oſeroit propoſer de mettre une taxe d'une piſtole ſur les ſabots plutôt qu'une taxe de dix piſtoles ſur les carroſſes? Mais cette taxe ſur les ſabots n'eſt-elle pas auſſi réelle que ſi elle avoit été impoſée, puiſqu'il n'y a guère de payſans dans le royaume qui ne dépenſent davantage en tabac?

Si je propoſe un plan de régie dont la ſimplicité n'offre pas des millions à gagner, n'armera-t-on pas encore tous les préjugés contre moi?

Je vais cependant le propofer, & en courir les rifques.

Ce plan eft fondé fur deux fuppofitions qu'on ne peut contefter.

1°. Qu'il n'y a point de François qui ne facrifiât quelque chofe pour ôter aux Anglois la fourniture du tabac dans ce royaume, & pour procurer cet avantage à fa nation plutôt qu'à toute autre.

2°. Qu'il y a deux millions de perfonnes qui confomment dans ce royaume pour plus d'une piftole de tabac par an ; j'en avois fuppofé trois millions (*), & l'on ne s'étoit pas récrié.

(*) II part. p. 50.

Ouvrez une foufcription, où tous ceux qui voudront jouir de la liberté de cultiver, fabriquer, vendre ou acheter du tabac, fe faffent infcrire chez le collecteur de la paroif-fe, & lui comptent une piftole, que celui-ci remettra fans frais au receveur de la province qui délivrera les permiffions.

Vous verrez, monfieur, ce qu'on peut attendre d'une na-tion comme la nôtre. Vous avez vu ce qu'elle a fait pour honorer la mémoire d'un poëte qu'elle aime ; vous verrez ce qu'elle eft capable de faire pour venger fes injures.

Mais je n'ai befoin ici que de fuppofer l'attrait invincible

du meilleur marché. Combien
de gens compteroient avec raison épargner beaucoup, en
donnant une piſtole? Ne la re-
trouveroient-ils pas bien tôt
ſur le moindre prix? & n'au-
roient-ils pas de plus l'agrément du choix, un tabac beaucoup plus doux, un tabac ex-
quis?

On pouroit encore faciliter
l'exécution de ce projet en faiſant pluſieurs claſſes de ſouſ-
cripteurs; ce qu'on diminue-
reroit ſur les claſſes inférieures
ſeroit rejetté ſur les ſupé-
rieures.

Qu'oppoſera-t-on à un au-
tre moyen, de remplacer le
montant de la ferme?

Si la confommation va à
vingt millions de livres, comme on l'eftime, un droit de
quatorze fols par livre fur cette
confommation n'enchériroit
pas beaucoup le tabac qui fe
recueilleroit dans le royaume;
il ne fe vendroit pas plus de
vingt quatre fols (*), prix fort
au deffous de ce qu'on l'achète
du fermier & des petits bu-
reaux. Ce droit rapporteroit
cependant quatorze millions,
& pourroit dans la fuite en
rapporter bien davantage, vu
qu'en diminuant le prix des
chofes, on en augmente la
confommation.

(*) C'eft à peu près ce qu'il fe vendoit autrefois en détail. Voyez ci-deffus, page 46.

Mais quand tous les moyens que je propose ne suffiroient pas, il n'est pas possible qu'on n'en trouve d'autres, & jamais on n'a eu autant d'intérêt de les chercher.

Plus le commerce des colonies Angloises est devenu considérable, plus il nous importe, & plus il nous est facile de le faire tomber. Cessons de prendre leurs tabacs; tous ces grands établissemens, toutes ces flottes, tout cet orgueil, tomberont en même temps.

F I N.

,

www.ingramcontent.com/pod-product-compliance
Lightning Source LLC
Chambersburg PA
CBHW050123210326
41519CB00015BA/4076